IVAN Chang
張智傑 ——— 著

U0045898

TART澎派人氣甜塔
熱賣款食譜初公開!

**製作技巧不藏私,
在家也能做出職人級美味**

"Le saleé nous nourrit, le sucré nous réjouit."

——— Pierre Hermé

PREFACE

小學時的作文題目『長大以後』，我從來沒有想過長大以後會成為一位甜點師傅，對食物會產生興趣是遺傳自我的媽媽。小時候常常看著媽媽從廚房中變魔術，各式各樣的食物經過她的手中都能變化出美味的佳餚，廚房裡永遠充滿著食物的香氣，櫥櫃裡擺放著各式各樣的烹飪工具和模型器具，都是媽媽的寶貝。媽媽細心地為家人準備食物，那種關心照顧的感覺讓我感受到很溫暖踏實，才讓小小的夢想種子在我的心中萌芽，要讓更多人感受這份溫暖。

退伍後，在媽媽的鼓勵下報名了穀類研究所的西點全修班，經過 10 週的訓練，也對烘焙有了基本的認識。結訓後，在同學的引薦下進入了職場，從最基本的學徒開始，我的專業能力和其他師傅的程度落差很大，每天完全幫不上忙的我，第一次感受到無比的挫折，為了不想再拖累其他同事，我開始利用空檔時間反覆練習，遇到不懂的問題先記在筆記本，下班後回家找資料或向前輩請教。不斷地練習和時間的累積，一點一點慢慢成長，終於我能夠負責獨立的工作崗位。

這次書籍裡的配方有很多都是我經歷無數次的失敗才得到的成果！同時也加進了 Ponpie 的人氣商品，從塔殼的基本知識延伸到各種風味的水果塔實作，這是我期待和您分享的純粹好味道，一起感受手作甜點的溫度，傳達心的溫暖。

Ivan

內餡與配料

CHAPTER 1

基礎知識

TOOLS

道具

①

1. **Kitchenaid 攪拌機** 將材料混合、打發餡料、麵團成型。
2. **Bamix 均質機** 搭配不同造型刀片，烘焙常用於混合餡料、食材切碎。
3. **Vorwerk Thermomix 料理機** 用於混合餡料、食材切碎。

4. **餅乾壓模** 用於切割麵團、塑型功能。

5. **打蛋器** 烘焙常用於混合、打發餡料。

6. **抹刀（大）** 用於填入餡料及抹平。

7. **刨絲器** 用於將柑橘水果刨絲。

8. **主廚刀** 用於分割食材。

9. **鐵尺** 用來計量麵團。

10. **桿麵棍** 桿製麵團使用。

11. **溫度計** 用於測量餡料的溫度。

SUPER - NYL

45

12. **擠花袋** 製作甜點裝飾、裱花不能或缺的用品，非拋棄式。

13. **橡膠毛刷** 製作甜點時刷上蛋液、糖霜等。

14. **花嘴** 花嘴可用來裝飾造型及填充餡料。本食譜使用花嘴型號為（SN7082）、（SN7068）、（SN7241）、（TIP235）、蘿蜜雅花嘴。

15. **料理夾子** 用來夾取材料。

16. **削皮刀** 用於將食材去皮。

17. **橡皮刮刀** 烘焙常用於攪拌、混合、刮盆，應用上也須注意是否耐高溫。

18. **抹刀（中、小）** 用於填入餡料及抹平。

19. **美工刀** 裁切物品。

20. **木匙** 用來熬煮果醬。

21. **銅鍋** 用於熬煮餡料，加熱時保溫效果好、降溫時速度快。

22. **鋼盆** 用於盛裝材料準備、麵糊攪拌、調製醬料。

23. **手鍋** 用於加熱材料。

24. **磅秤** 精準秤出需要材料量。

25. **烘烤重石** 防止塔皮膨脹，塑型功能。

26. **三能菊花派盤** 製作鹹派、塔類點心的模具。本食譜使用型號為 SN5432。

27. **烤模（塔模）** 用於烤焙甜點的半成品。

28. **烤盤紙** 防止於烤焙時發生沾黏。

29. **透氣布** 耐高溫，烤焙餅乾使用可以更酥脆和平整。

30. **慕斯圈** 用來製作慕斯類甜點用具。

31. **量杯** 用來量出材料份量。

INGREDIENTS
材料

1. 麵粉

食譜裡的麵粉使用的是日本製粉，因粉質細緻、保濕性佳，完成品口感相當細緻，且操作相當容易，是許多烘焙愛好者的入門款。

2. 杏仁粉

製作甜點時，麵粉加入部分榛果粉或杏仁粉等堅果粉，可增加甜點香氣和口感。有時堅果粉也能變成主要原料，如達克瓦茲、馬卡龍等都是添加杏仁粉為主要原料製成的。

3. 玉米粉

玉米製成的澱粉，是生粉的一種，常作為凝固劑或增稠劑使用，也可在想增添餅乾口感時使用。

4. 吉利丁粉

凝膠力強，添加水還原就能直接使用，不但節省時間也能減少誤差，讓配方比例更精準，並大大提升成品穩定性。

5. 乳酪

澳 洲 Cream cheese 是 製 作 起 士 蛋 糕 的 材料，細緻且滑順的口感，應用於許多甜食及鹹食。Mascarpone 多 做 爲 製 作 義 大 利 甜 點 TIRAMISU、慕斯蛋糕的原料，亦可放在烤馬鈴薯或水果上，或者做成小點心或派餅內餡。

6. 發酵奶油

乳酸發酵細緻清香，風味爽口不膩。相對於一般奶油更富保水力，可提升烘焙成品口感。

7. 動物鮮奶油

適合用於各式甜點、冰淇淋、巧克力、慕斯等烘焙應用。

8. 乳製品 牛奶、煉乳

9. 調溫巧克力

富含天然可可脂，經「調溫」後呈光亮、硬脆、化口性好等特質。

食譜使用的巧克力：

CACAO BARRY 衷愛苦甜調溫巧克力 58%

CACAO BARRY 安珀爪哇牛奶調溫巧克力 36%

LUBECA 帛隆迦納 70% 苦甜巧克力

10. 免調溫巧克力

不須經過調溫，即可使用，適合初學者，融化後即能製作甜品。

11. 糖粉

採用細砂糖及食用澱粉磨成，適合製作蛋糕或甜點。

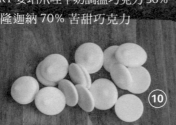

12. 可可粉
色澤呈棕紅色，帶有濃醇可可香氣。

13. 酒漬櫻桃 用於裝飾。

14. 紫薯粉 用於裝飾。

15. 抹茶粉
無糖，適用於製作蛋糕體、慕斯、餅乾。

16. 鐵觀音茶粉
嚴選來自坪林在地契作茶園，製作茶點重要的靈魂原料。

17. 細砂糖
純白的砂糖，製作甜點不可缺少的原物料。

18. 冷凍果泥
以獨特冷凍技術保有水果最佳風味，常用於製作甜點烘焙和餡料運用。

19. 鹽之花
可加入甜點，增添成品獨特風味。

20. 含糖栗子泥／無糖栗子泥
法國代表性糖漬栗子品牌 Corsiglia 栗子抹醬。

21. 法式帶皮栗子
口感極佳，栗子淡雅香味，褐色質感亮麗，顆粒飽滿。

22. **山蘿蔔葉**
聞起來有香芹味,用來點綴提味及裝飾。

23. **金時地瓜**
用來做為餡料材料。

24. **椰蜜**
100% 使用人工採集的椰子花苞自然滴蜜製成。

25. **冷凍芋角**
來自台中大甲芋角。

26. **新鮮藍莓粒**
用來做為夾餡及裝飾用。

27. **覆盆子碎粒**
可做為夾餡或裝飾使用。

28. **帕馬森起司絲**
用於餅乾麵團和麵,可增添濃郁起司風味。

29. **有機玫瑰花瓣** 屏東有機食用玫瑰。

30. **薰衣草粒** 製作塔皮時添加。

31. **金色巧克力跳跳糖**
用於裝飾相思抹茶紅豆。

32. **核桃**
可做爲夾餡或裝飾使用。

33. **葡萄乾**
可做爲夾餡或裝飾使用。

34. **草莓乾** 用於裝飾。

35. **無花果乾** 用於裝飾。

36. **杏仁角** 用於裝飾。

37. **開心果碎** 用於裝飾。

38. **綠葡萄**
用於裝飾水果乳酪。

39. **黃檸檬**
用來點綴提味及裝飾。

40. **馬達加斯加波本香草莢**
使用最普遍的品種，常使用
於製作甜點烘焙的香草莢。

41. **巧克力飾片**
用於裝飾奶酒生巧克力。

42. 貝禮詩奶酒
　　以愛爾蘭威士忌爲基酒的奶油利口酒，口感香醇不膩口，富含層次。

43. 君度橙酒
　　用橙皮提煉出來的橙酒，口感爲甜中帶甘。

44. 草莓香甜酒
　　使用草莓釀製的一款甜酒。

45. 柑曼怡橙酒
　　由上等干邑與野生柑橘精華調配而來，可爲甜點增添風味與香氣。

46. Kahlua 卡魯哇咖啡酒
以蘭姆酒為基酒咖啡口味的利口酒，口感香甜具有獨特的咖啡味道。

47. 麥斯蘭姆酒
以甘蔗為原料蒸餾酒，風味清醇，適用於糕點、糖果。

動手做塔之前　　BEFORE MAKING TATRS

塔殼成型

1. 塔皮麵團桿至厚度約 0.5cm。

2. 使用直徑 20cm 的慕斯圓框壓出一片圓形塔皮備用。

3. 圓形塔皮鋪在 6 吋菊花派盤中貼合，將多餘空氣排出，再使用桿麵棍將多餘麵團去除。

4. 利用大拇指腹將塔殼的周圍稍做整型，把多餘的麵團向上擠壓至超過派盤。

5. 使用塑膠刮板將多餘的麵團去除，冷凍備用

塔殼烘烤

6. 在已成型的生塔殼底部，用叉子戳孔，避免烘烤時產生的氣體無法排出而造成塔殼底部不平整。

7. 生塔殼鋪上烘焙紙、壓入重石後再進入烤箱烘烤，以避免烘烤過程中麵團膨脹，影響塔殼的厚薄度。

8. 塔殼出爐後倒出重石，移除烘焙紙，放涼備用。

關於塔的 Q&A　　QUESTIONS ABOUT TATRS

Q1　塔與派的差異？

同樣都是加入餡料有甜有鹹的點心，但仍然有不同。Tart 在字典裡譯為餡餅，其實是水果塔最底層的塔皮，再搭配精心調製的卡士達奶油餡和新鮮水果，每個色彩繽紛的水果塔，看似簡單，但塔皮、水果的選擇、內餡的搭配其實都充滿了學問。若要在水果天然的酸甜澀和卡士達奶油餡的口味達到平衡，需要不斷的嘗試找到完美的平衡點。

派（pie）與塔（tart）的差別在哪裡？ 一般來說，從視覺來看，派盤比較深，塔模比較淺。派通常是圓的，塔的變化比較多，可做方形、橢圓形，大小從迷你尺寸到 10 吋的都有。 一般的基本派皮和塔皮的麵團配方為（麵粉：油： 糖 ＝ 3：2：1）＋水，而塔皮的配方則多加入了雞蛋，當蛋黃在高溫中凝固，會讓脫模後的塔皮比派皮來得緊實。

在法國，塔與派之間的區別，在於麵團層次之間的差別，塔皮麵團具餅乾般的酥脆口感，多以壓或手推的方式入模；而派皮麵團則強調多次麵團重複折後的酥鬆層次，且要求包入的冰奶油不可融化。因為有重疊的關係，烘烤時奶油的蒸氣讓麵團膨脹，空氣進到麵團的一層一層之中，烤出來又香又鬆脆。

雖然派與塔有使用模形、外型與口感上的基本差異，但烘焙實際上是充滿創意與變化的場域，不但許多模形可以隨意混用，只要調整食材比例或烘製手法，也可以揉製出帶有自己特色的酥皮點心，並不一定要拘泥於兩者間的差別。

『派』可以連帶模具直接拿上桌，而『塔』通常是脫模享用。

派的皮可以是底部一層派皮，或上面一層派皮，或者上下都有。塔通常是下面一層塔皮。 派皮提供與內餡呈現對比的口感，層次分明。塔的餡料通常比派的餡料少，酥鬆的塔皮像餅乾的口感，方便與內餡融合一起入口。

Q2　烘烤完的塔皮底部，為什麼會隆起或凹凸不平？

烘烤塔殼時，為了避免因為空氣加熱膨脹無法排出造成凸起，通常會在塔皮底部用叉子戳洞，讓空氣流通，塔皮壓上重石也有助於塔皮能夠保持平整。

Q3　烤好的塔殼，很容易裂開或掉屑屑？

塔殼容易裂開的狀況，有可能是在製作塔皮麵團時，蛋液和奶油沒有乳化均勻，如果加入蛋液的速度太快，造成攪拌時間不夠，便會造成分離的狀態，會影響烤出來的組織，且會容易碎裂。很多人在做甜點、麵包等點心時，會使用麵粉防止麵團沾黏在手或檯面上，不過製作塔皮時不宜使用過多的麵粉，以免塔皮過於乾燥，容易乾裂。

Q4　塔皮烤完後，好像變小了？

塔皮麵團完成後需讓麵團有足夠的鬆弛，桿好的塔皮放入模具定型後，完整密封起來放入冷藏，鬆弛的時間愈久，塔皮愈不容易碎裂，也更好定型。放入烤箱前要確認烤箱溫度是否到達指定溫度，避免溫度不足，無法確實將塔殼烘烤至定型，造成塔皮滑落模型產生底部過厚的情形。麵團如果過度操作而產生筋性的話，也會讓塔皮回縮更嚴重！

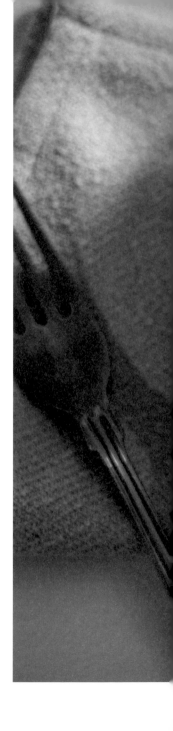

Q5　填餡後的塔殼，一下子就受潮了，有辦法防止塔皮軟掉嗎？

塔殼可以先盲烤一次。先將塔皮烤到半熟，底部刷上一層蛋白烤乾，再填入餡料進行二次烘烤。填入的餡料如果不需要再進入烤箱烘烤，可一次將塔殼烘烤至上色均勻，塔殼放涼後均勻塗上巧克力隔離水氣進入。填完餡料的成品，完整封好冰入冷凍也會比冷藏效果更好。

Q6　可以一次多烤一些塔殼，要用的時候再組裝嗎？

這樣的做法是可以的。烤好的空塔殼可密封放於陰涼處，組裝前再用烤箱以 160 度回烤約 5 分鐘即可。

Q7　塔皮為什麼會黏住無法脫模？

有可能是塔皮操作時因天氣熱或室溫過高，室溫最好不要超過 25 度，溫度過高會導致麵團出油，造成烘烤後的塔皮沾黏模型容易脫模失敗。要如何改善？塔皮麵團做好後，可以先秤好重量，分割整形，放在冰箱冷藏備用，盡量保持低溫，一次只拿 1 至 2 個塔皮放入模形，操作過程中如果麵團會黏手，可用適量的高筋麵粉當作手粉防止沾黏，成型後的塔殼也要冰入冷凍備用。

CHAPTER 2

烘焙前的準備

TART CRUST

塔皮

原味塔殼

ORIGINAL FLAVOR TART

Ingrediants
材料

發酵奶油　206g

糖粉　138g

鹽　1g

全蛋（室溫）　69g

低筋麵粉　435g

泡打粉　2g

Methods
作法

1. 發酵奶油拌軟，混合糖粉與海鹽攪拌至有光澤。
2. 全蛋液分次加入混合乳化完全。
3. 粉類材料過篩分次加入，拌勻至成團，缸壁成光滑狀。
4. 麵團靜置冷藏一晚備用。
5. 取出冷藏過的麵團，使用桿麵棍將麵團桿至厚度 5mm，入模冷藏備用。
6. 成型的塔殼壓入重石，以 160 度烤焙 20 min。

薰衣草塔殼

LAVENDER FLAVOR TART

Ingrediants
材料

發酵奶油	206g
糖粉	138g
鹽	1g
全蛋（室溫）	69g
低筋麵粉	435g
泡打粉	2g
薰衣草	5g

Methods
作法

1. 發酵奶油拌軟，混合糖粉與海鹽攪拌至有光澤。
2. 全蛋液分次加入混合乳化完全。
3. 粉類材料過篩分次加入，拌勻至成團，缸壁成光滑狀。
4. 麵團靜置冷藏一晚備用。
5. 取出冷藏過的麵團，使用桿麵棍將麵團桿至厚度 5mm，入模冷藏備用。
6. 成型的塔殼壓入重石，以 160 度烤焙 20 min。

* 除了步驟 3 佐料不同外，其餘製作步驟請參照原味塔殼作法

咖啡塔殼
COFFEE FLAVOR TART

份量：6 吋 /5 個

Ingrediants
材料

發酵奶油（室溫）　　203g

糖粉　135g

鹽　1g

全蛋（室溫）　　60g

低筋麵粉　428g

泡打粉　2g

咖啡粉　14g

Methods
作法

* 除了步驟 3 佐料不同外，其餘製作步驟請參照原味塔殼作法

1. 發酵奶油拌軟，混合糖粉與海鹽攪拌至有光澤。
2. 全蛋液分次加入混合乳化完全。
3. 粉類材料過篩分次加入，拌勻至成團，缸壁成光滑狀。
4. 麵團靜置冷藏一晚備用。
5. 取出冷藏過的麵團，使用桿麵棍將麵團桿至厚度 5mm，入模冷藏備用。
6. 成型的塔殼壓入重石，以 160 度烤焙 20 min。

可可塔殼
CACAO FLAVOR TART

Ingrediants
材料

發酵奶油（室溫）　200g

糖粉　133g

鹽　1g

全蛋（室溫）　67g

低筋麵粉　422g

泡打粉　2g

可可粉　27g

Methods
作法

* 除了步驟 3 佐料不同外，其餘製作步驟請參照原味塔殼作法

1. 發酵奶油拌軟，混合糖粉與海鹽攪拌至有光澤。
2. 全蛋液分次加入混合乳化完全。
3. 粉類材料過篩分次加入，拌勻至成團，缸壁成光滑狀。
4. 麵團靜置冷藏一晚備用。
5. 取出冷藏過的麵團，使用桿麵棍將麵團桿至厚度 5mm，入模冷藏備用。
6. 成型的塔殼壓入重石，以 160 度烤焙 20 min。

抹茶塔殼
MATCHA FLAVOR TART

Ingrediants
材料

發酵奶油（室溫）	203g
糖粉	135g
鹽	1g
全蛋（室溫）	68g
低筋麵粉	428g
泡打粉	2g
抹茶粉	14g

Methods
作法

* 除了步驟 3 佐料不同外，其餘製作步驟請參照原味塔殼作法

1. 發酵奶油拌軟，混合糖粉與海鹽攪拌至有光澤。
2. 全蛋液分次加入混合乳化完全。
3. 粉類材料過篩分次加入，拌勻至成團，缸壁成光滑狀。
4. 麵團靜置冷藏一晚備用。
5. 取出冷藏過的麵團，使用桿麵棍將麵團桿至厚度 5mm，入模冷藏備用。
6. 成型的塔殼壓入重石，以 160 度烤焙 20 min。

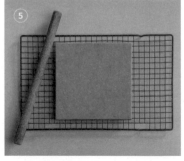

column
用塔皮做的小點心

貓咪造型餅乾

Ingrediants
材料

原味塔皮	170g
抹茶塔皮	170g
可可塔皮	170g

Methods
作法

1. 塔皮延壓至厚度 0.3cm。
2. 使用貓咪造型切模壓出造型，平鋪在透氣布上，冷凍備用。
3. 成型的麵團排列至烤盤上，以 160 度烘烤 15min，至表面均匀上色即可。

香草盾牌餅乾

Ingrediants
材料

原味塔皮　500g
焦糖杏仁　600g

Methods
作法

1. 塔皮延壓至厚度 0.3cm，使用圓形花瓣造型（直徑 5.5cm）切模壓出造型，平鋪在透氣布上面，冷凍備用。
2. 成型後的塔皮分成 2 份，其中一份以圓形花瓣造型（直徑 3cm）在塔皮中心壓切，形成中空圓形樣，接著疊放在未壓切的塔皮上，中間放上焦糖杏仁塊。
3. 完成後，放入烤箱以 160 度烘烤 12 ～ 15min。

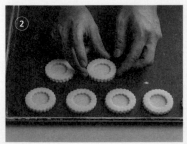

奶油夾心餅乾

Ingrediants
材料

原味塔皮　170g
檸檬奶油餡　150g

免調溫白巧克力　50g
黃色色膏　適量

Methods
作法

1. 原味塔皮桿成 0.3cm 後，使用方形造型切模壓出造型，平鋪至透氣布上面，冷凍備用。
2. 成型的麵團，以 160 度烘烤 15min 至表面均勻上色。
3. 將白巧克力融化加入色膏調色，批覆至餅乾右上方，放乾備用。
4. 取一片未批覆巧可力的餅乾，將檸檬奶油餡填入擠花袋使用平口花嘴（SN7068）於表面擠上餡料。
5. 再將已批覆巧克力的餅乾蓋在上方，完成裝飾。

STUFFING

內餡與配料

原味杏仁奶油餡

ALMOND CREAM FILLING

份量 6吋5個

Ingrediants
材料

發酵奶油（室溫）	235g
杏仁粉（120 度烤 10 分鐘，烤至有香氣）	174g
全蛋（室溫）	232g
糖粉	147g
低筋麵粉	60g

Methods
作法

1. 發酵奶油拌軟後，加入杏仁粉混合均勻。
2. 全蛋分次加入玉乳化完全。
3. 粉類材料過篩，分次慢慢加入拌勻，完成後靜置冷藏一晚備用。

咖啡杏仁奶油餡

COFFEE CREAM FILLING

Ingrediants
材料

奶油　　230g
杏仁粉　　170g
全蛋　　225g
糖粉　　143g
低筋麵粉　　58g
咖啡粉　　25g

Methods
作法

1. 發酵奶油拌軟後，加入杏仁粉混合均勻。
2. 全蛋分次加入至乳化完全。
3. 粉類材料過篩，分次慢慢加入拌勻，完成後靜置冷藏一晚備用。

可可杏仁奶油餡
CACAO CREAM FILLING

份量 6 吋 5 個

Ingrediants
材料

發酵奶油（室溫） 205g

杏仁粉（120 度烤 10 分鐘，烤至有香氣） 151g

全蛋（室溫） 200g

糖粉 127g

低筋麵粉 46g

70% 黑苦甜巧克力 182g

Methods
作法

1. 發酵奶油拌軟後，加入杏仁粉混合均勻。
2. 全蛋分次加入至乳化完全。
3. 粉類材料過篩，分次慢慢加入拌勻，完成後靜置冷藏一晚備用。
4. 冷藏一晚的材料放置室溫回溫，將巧克力融化加入混合並且拌勻。

焙茶 杏仁奶油餡

ROASTED CREAM FILLING

Ingrediants
材料

發酵奶油（室溫）　203g

杏仁粉　150g

全蛋　199g

糖粉　126g

低筋麵粉　51g

焙茶茶粉　22g

Methods
作法

1. 發酵奶油拌軟後，加入杏仁粉混合均勻。
2. 全蛋分次加入至乳化完全。
3. 粉類材料過篩，分次慢慢加入拌勻，完成後靜置冷藏一晚備用。

抹茶 杏仁奶油餡
MATCHA CREAM FILLING

Ingrediants
材料

發酵奶油（室溫）	203g
杏仁粉	150g
全蛋	199g
低筋麵粉	51g
抹茶茶粉	22g

Methods
作法

1. 發酵奶油拌軟加入杏仁粉混合均勻，其餘粉類材料過篩，分次慢慢加入拌勻。

2. 全蛋分次加入至乳化完全，完成後靜置冷藏一晚備用。

檸檬奶油餡
LEMON CREAM FILLING

份量 | 6吋5個

Ingrediants
材料

檸檬汁	130g
萊姆汁	77g
全蛋	191g
細砂糖	167g
發酵奶油	267g
萊姆皮屑	1.3 顆

Methods
作法

1. 檸檬汁、萊姆汁加熱至 70 度備用。
2. 全蛋液加入細砂糖混合均勻,再將熱檸檬汁加入混合後過篩。
3. 加熱至 85 度熬煮成檸檬醬後,降溫至 40 度加入發酵奶油均質乳化完全。
4. 拌入萊姆皮屑,冷藏靜置一晚備用。

乳酪餡
CHEESE FILLING

份量 6 吋 5 個

Ingrediants

材料

卡士達	575g
BUKO 奶油乳酪	450g
KIRI 奶油乳酪	450g
帕馬森起司絲	45g
檸檬汁	15g

Methods

作法

依序將材料加入，使用調理機混合均勻備用。

紅豆乳酪
RED BEAN CHEESE FILLING

Ingrediants
材料

奶油乳酪	392g
細砂糖	86g
紅豆餡	235g
蛋黃	78g

吉利丁粉	5g
生飲水	25g
動物鮮奶油	197g
麥斯蘭姆酒	8g

Methods
作法

1. 奶油乳酪放入攪拌機拌軟後，依序加入細砂糖、紅豆餡拌勻。

2. 蛋黃持續 4 分鐘隔水加熱至 60 度殺菌，再加入乳酪糊拌勻。

3. 動物鮮奶油和蘭姆酒混合，打發至約 7 分發備用，吉利丁粉混合生飲水變成吉利丁塊後，吉利丁塊加熱融化，取少許打發鮮奶油一起混合，加入乳酪糊拌勻，再將剩餘的打發鮮奶油輕輕拌入拌勻，保持輕盈的空氣感。

香檸乳酪餡
LEMON CASTARD

Ingrediants
材料

奶油乳酪　538g
細砂糖　130g
蛋黃　108g
檸檬汁　26g

吉利丁粉　6g
動物鮮奶油　275g
生飲水　30g

Methods
作法

1. 奶油乳酪放入攪拌機拌軟後，依序加入細砂糖拌勻。
2. 蛋黃持續 4 分鐘隔水加熱至 60 度殺菌，再加入乳酪糊拌勻。
3. 動物鮮奶油打發至約 7 分發備用，吉利丁粉混合生飲水變成吉利丁塊後，吉利丁塊加熱融化，取少許打發鮮奶油一起混合，加入乳酪糊拌勻，再將檸檬汁和剩餘的打發鮮奶油輕輕拌入拌勻，保持輕盈的空氣感。

藍莓乳酪餡
BLUEBERRY CHEESE FILLING

Ingrediants
材料

奶油乳酪	425g	蛋黃	86g
細砂糖	105g	吉利丁粉	12g
果醬	68g	生飲水	60g
冷凍藍莓粒	170g	動物鮮奶油	215g

Methods
作法

1. 奶油乳酪放入攪拌機拌軟後，依序加入細砂糖、果醬、冷凍藍莓粒拌勻。

2. 蛋黃持續 4 分鐘隔水加熱至 60 度殺菌，再加入乳酪糊拌勻。

3. 動物鮮奶油打發至約 7 分發備用，吉利丁粉混合生飲水變成吉利丁塊後，吉利丁塊加熱融化，取少許打發鮮奶油一起混合，加入乳酪糊拌勻，再將剩餘的打發鮮奶油輕輕拌入拌勻，保持輕盈的空氣感。

焦糖乳酪餡

CARAMEL CHEESE FILLING

Ingrediants
材料

kiri creamcheese　525g

細砂糖　60g

玉米粉　20g

蛋　180g

焦糖醬　45g

柳橙皮屑　1.5 個

君度橙酒　30g

Methods
作法

| 將所有材料使用調理機混合均勻備用。

焦糖奶餡

CARAMEL CREAM

份量 | 6 吋 5 個

Ingrediants
材料

細砂糖	90g
動物鮮奶油	115g
鹽之花	1g
發酵奶油	56g
吉利丁粉	2g
生飲水	10g
Mascarpone	75g

Methods
作法

1. 動物鮮奶油加熱至 70 度備用。
2. 糖和鹽之花混合，加熱焦化至糖漿呈現琥珀色後，將動物鮮奶油慢慢分次加入拌勻。
3. 吉利丁粉混合生飲水變成吉利丁塊後，和發酵奶油一起加入拌勻。
4. 降溫至 40 度後和 mascarpone 混合，冷藏靜置一晚備用。

焦糖布蕾液
BURNT CREAM

份量 6 吋 5 個

Ingrediants
材料

動物鮮奶油	1275g
香草糖	128g
蛋黃	298g
香草莢	0.5 支
香草精	3 滴

Methods
作法

香草糖加入動物鮮奶油混合加熱至 40 度，沖入蛋黃拌勻過篩再加入香草莢和香草精，冷藏靜置一晚備用。

焦糖淋面
CARAMEL GLAZE

份量 6吋5個

Ingrediants
材料

細砂糖　120g	鹽之花　1g
葡萄糖漿　35g	吉利丁粉　3g
生飲水　40g	生飲水　15g
動物鮮奶油　225g	36% 牛奶巧克力　30g

Methods
作法

1. 動物鮮奶油加熱至 70 度備用。
2. 糖、葡萄糖漿、生飲水和鹽之花混合，加熱焦化至糖漿呈琥珀色後，將動物鮮奶油慢慢分次加入拌勻。
3. 接著倒入牛奶巧克力中拌勻，並將吉利丁粉混合生飲水變成吉利丁塊後，也一起加入拌勻，然後使用均質機均質，過篩後放置冷藏備用。
4. 使用時融化至 30 度。

巧克力淋面

CACAO GLAZE

份量 6吋5個

Ingrediants
材料

可可粉	24g	葡萄糖漿	32g
生飲水	34g	轉化糖漿	10g
細砂糖	87g	吉利丁粉	5g
動物鮮奶油	64g	生飲水	25g

Methods
作法

1. 可可粉、生飲水、細砂糖、動物鮮奶油、葡萄糖漿、轉化糖漿混合加溫煮沸。

2. 接著將吉利丁粉混合生飲水變成吉利丁塊後加入，並使用均質機均質後過篩，冷藏一晚備用。

奶酒生巧克力

MILK WINE GANACHE

Ingrediants
材料

動物鮮奶油 　1081g
58% 巧克力 　987g
40% 牛奶巧克力 　329g

轉化糖 　71g
發酵奶油 　141g
Baleys 奶酒 　141g

Methods
作法

1. 兩種巧克力混合，隔水加熱至半融化備用。
2. 轉化糖漿加入動物鮮奶油加熱至 70 度，分 3 次沖入半融化的巧克力拌勻後，使用均質機均質。
3. 待降溫至 38 度後，加入發酵奶油使用均質機均質。
4. 待降溫至 30 度加入 Baleys 奶酒，使用均質機均質後備用。

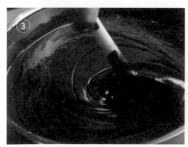

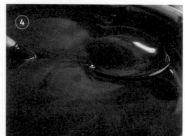

茶香巧克力

TIEGUANYIN GANACHE

Ingredients
材料

動物鮮奶油（第一份）	362g	36% 牛奶巧克力	224g
葡萄糖漿	61g	鐵觀音茶粉	42g
70% 苦甜	128g	動物鮮奶油（第二份）	720g

Methods
作法

1. 葡萄糖漿、鐵觀音茶粉加入動物鮮奶油中，混合均勻加熱至 70 度後沖入巧克力拌勻，使用均質機均質。

2. 將未加熱的第二份動物鮮奶油加入均質後，冷藏靜置 晚備用。

70%可可香堤

70% CACAO CHANTILLY CREAM

份量 | 6 吋 5 個

Ingrediants
材料

動物鮮奶油	156g
葡萄糖漿	27g
70% 巧克力	132g
動物鮮奶油	312g

Methods
作法

1. 葡萄糖漿加入動物鮮奶油加熱至 70 度後，沖入 70%巧克力拌勻，使用均質機均質。

2. 將未加熱的第二份動物鮮奶油加入均質後，冷藏靜置一晚備用。

抹茶香堤

MATCHA CHANTILLY CREAM

份量 | 6吋5個

Ingrediants
材料

牛奶	300g
蛋黃	100g
細砂糖	30g
可可脂	35g
33% 白巧克力	200g
抹茶粉	30g
動物鮮奶油	340g

Methods
作法

1. 牛奶加熱至 70 度，沖入蛋黃液，然後加入砂糖、抹茶粉混合煮至 83 度。
2. 接著加入白巧克力中，使用均質機均質後，加入動物鮮奶油混合。
3. 冷藏靜置備用。

栗子奶油霜
CHESTNUT BUTTER CREAM

Ingrediants
材料

有糖栗子泥	230g
無糖栗子泥	345g
發酵奶油	230g
柑邑怡橙酒	45g

Methods
作法

將所有材料使用調理機混合均勻備用。

提拉米蘇 肉餡
TIRAMISU

份量 6吋 5個

Ingrediants
材料

Mascarpone　751g	動物鮮奶油　300g
細砂糖　131g	吉利丁粉　12g
生飲水　150g	生飲水　60g
蛋黃　120g	Kaiuwa 咖啡酒　35g

Methods
作法

1. mascarpone 拌軟備用，將細砂糖、水混合，放入手鍋中煮至攝氏 117 度，關火。
2. 蛋黃以中速打發至粗泡，一邊緩慢地將糖漿沿著缸壁加入後，轉為高速打發約 5min 至冷卻為止，再與 mascarpone 混合均勻備用。
3. 動物鮮奶油打至 6 分發備用。
4. 吉利丁粉混合生飲水變成吉利丁塊，並將吉利丁塊加熱融化，和咖啡酒一起加入乳酪糊拌勻，接著輕輕拌入打發的鮮奶油，拌勻且保持輕盈的空氣感。
5. 完成後靜置冷藏一夜備用。

原味沙布列
CRUMBLE

Ingrediants
材料

細砂糖	93g
杏仁粉	185g
發酵奶油切丁	185g
低筋麵粉	185g

Methods
作法

1. 發酵奶油切丁混入麵粉中,冷凍備用。
2. 加入杏仁粉、細砂糖後,用調理機快速拌成沙粒狀,放置冷凍備用。

香草卡士達醬

VANILLA CUSTARD CREAM

份量 6吋5個

Ingrediants
材料

牛奶　214g	玉米粉　15g
動物鮮奶油　115g	高筋麵粉　15g
蛋黃　107g	發酵奶油　84g
細砂糖　53g	香草莢　0.5 支

Methods
作法

1. 香草莢剖開取出香草籽加入牛奶，放入冷藏靜置一晚。
2. 蛋黃、細砂糖及粉類材料混合，使用打蛋器拌勻。
3. 牛奶和動物鮮奶油混合加熱至 70 度，沖入蛋黃糊內拌勻。
4. 過篩後，回煮至收稠，加入發酵奶油，並使用均質機均質。
5. 倒入烤盤平鋪，表面包保鮮膜，放入冷藏降溫備用。

芋泥餡

份量 | 6吋5個

Ingrediants
材料

芋頭丁（蒸熟） 1000g   奶油 52g

上白糖 87g   香草醬 2g

海藻糖 132g   動物鮮奶油 116g

椰蜜 35g

Methods
作法

芋頭切丁蒸熟後，加入所有材料，使用調理機拌勻放涼備用。

草莓果醬
STRAWBERRY JAM

份量 | 6 吋 5 個

Ingrediants
材料

草莓果泥　51g

覆盆子果泥　17g

細砂糖 A　6g

柑橘果膠　3g

細砂糖 B　34g

海藻糖　30g

葡萄糖漿　10g

檸檬汁　2g

Methods
作法

果泥、細砂糖 A、葡萄糖漿混合煮至 70 度，再將細砂糖 B、海藻糖、柑橘果膠混合均勻，然後加入煮至沸騰，最後加入檸檬汁收稠，放涼冷藏備用。

玫瑰草莓醬
STRAWBERRY ROSE PEFAL JAM

Ingrediants
材料

冷凍草莓　114g	柑橘果膠　1g
玫瑰花（切碎）　10g	檸檬汁　1g
細砂糖　63g	玫瑰水　1g
海藻糖　11g	

Methods
作法

1. 冷凍草莓和檸檬汁混合後，加熱至 60 度。
2. 將細砂糖、海藻糖、柑橘果膠混合，分次加入步驟 1 煮沸。
3. 加入切碎的玫瑰花瓣，小火熬煮至收稠，放涼後加入玫瑰水提味。

綜合莓果醬
BERRY JAM

份量 6 吋 5 個

Ingrediants
材料

生飲水	38g
細砂糖	85g
海藻糖	43g
綜合莓果粒	170g
檸檬汁	10g

Methods
作法

1. 細砂糖、海藻糖加入水中加熱至 117 度煮成糖漿。
2. 加入綜合莓果粒熬煮至 104 度後,加入檸檬汁。
3. 煮至沸騰收稠,放涼備用。

焦糖醬
CARAMEL SAUCE

Ingrediants
材料

糖（香草糖） 150g
鹽之花 2g
動物鮮奶油 200g

Methods
作法

1. 動物鮮奶油加熱至 70 度備用。
2. 香草糖和鹽之花混合，加熱焦化至糖漿呈現琥珀色後，將動物鮮奶油慢慢分次加入拌勻。
3. 回煮至 110 度，熄火放涼備用。

焦糖堅果醬
CARAMEL MIXED NUT BUTTER

Ingrediants

材料

細砂糖	325g
二砂	65g
榛果粒	490g
胡桃粒	160g
發酵奶油	40g

Methods

作法

1. 將細砂糖、二砂加熱至糖將呈現琥珀色後，加入堅果翻炒至糖漿均勻包裹住表面。

2. 翻炒完成的堅果鋪在墊子上放涼。

3. 製作成焦糖堅果拌入發酵奶油，將已冷卻的焦糖堅果以調理機製成堅果醬。

糖漬草莓
CANDIED STRAWBERRY

Ingrediants
材料

水	91g
糖	15g
草莓乾	91g
草莓酒	3g

Methods
作法

將材料混合煮沸，放涼後加入草莓酒，放置冷藏備用。

糖漬地瓜

CANDIED SWEET POTATO

份量 6吋5個

Ingrediants
材料

金時地瓜切片　500g

上白糖　240g

水　425g

Methods
作法

先將糖水煮沸，加入地瓜切片再煮沸後，冷藏靜置一晚備用。

甘藷餡
SWEET POTATO CUSTARD CREAM

Ingrediants
材料

烤地瓜泥　800g
卡士達醬　200g
麥斯萊姆酒　40g

Methods
作法

所有材料使用調理機混合均勻，過篩備用。

酒漬無花果

WINE SFAINS DRIED FIGS

Ingrediants
材料

紅酒　253g
水　127g
糖　84g
肉桂棒　1支
無花果乾　337g
肉桂粉　適量

Methods
作法

1. 將除了無花果乾以外的材料放入鍋中加熱至冒煙。
2. 接著再放入無花果乾煮沸。
3. 煮沸後的酒漬無花果，放涼靜置冷藏一晚備用。

焙茶奶凍
ROASTED GREEN TEA MOUSSE

Ingrediants
材料

動物鮮奶油　192g　　　mascarpone　144g
蛋黃　39g　　　　　　　吉利丁粉　3g
細砂糖　39g　　　　　　生飲水　15g
焙茶粉　10g

Methods
作法

1. 糖、焙茶粉加入蛋黃後，使用打蛋器混合均勻，再將動物鮮奶油加熱至 70 度沖入。
2. 過篩並回煮至 83 度後，加入由吉利丁粉混合生飲水變成的吉利丁塊，再使用均質機均質，降溫至 30 度。
3. 降溫後和 mascarpone 使用打蛋器輕輕拌勻後，灌入模具內，冷凍成型脫模備用。

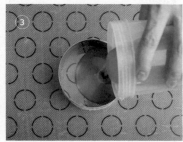

Ingrediants
材料

動物鮮奶油　192g	Mascarpone　144g
蛋黃　39g	吉利丁粉　3g
細砂糖　39g	生飲水　15g
抹茶粉　10g	

Methods
作法

1. 將糖、抹茶粉加入蛋黃，並使用打蛋器混合均勻，再將動物鮮奶油加熱至 70 度沖入。

2. 過篩並回煮至 83 度後，加入由吉利丁粉混合生飲水變成的吉利丁塊，再使用均質機均質，降溫至 30 度。

3. 降溫後和 mascarpone 使用打蛋器輕輕拌勻，灌入模具內, 冷凍成型脫模備用。

焦糖杏仁
CARAMEL ALMOND

Ingrediants
材料

發酵奶油　26g	鹽之花　　2g
動物鮮奶油　50g	細砂糖　150g
麥芽膏　150g	杏仁角　150g

Methods
作法

1. 將發酵奶油、糖、鮮奶油混合煮至濃稠狀。
2. 拌入杏仁角，倒入鋪烤盤紙的烤盤內鋪平冷卻備用，厚度約 0.5cm。
3. 定型後分切成 2×2cm 的塊狀備用。

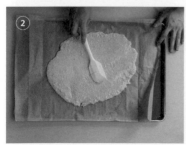

柚子棉花糖

YUZU MARSHMALLOW

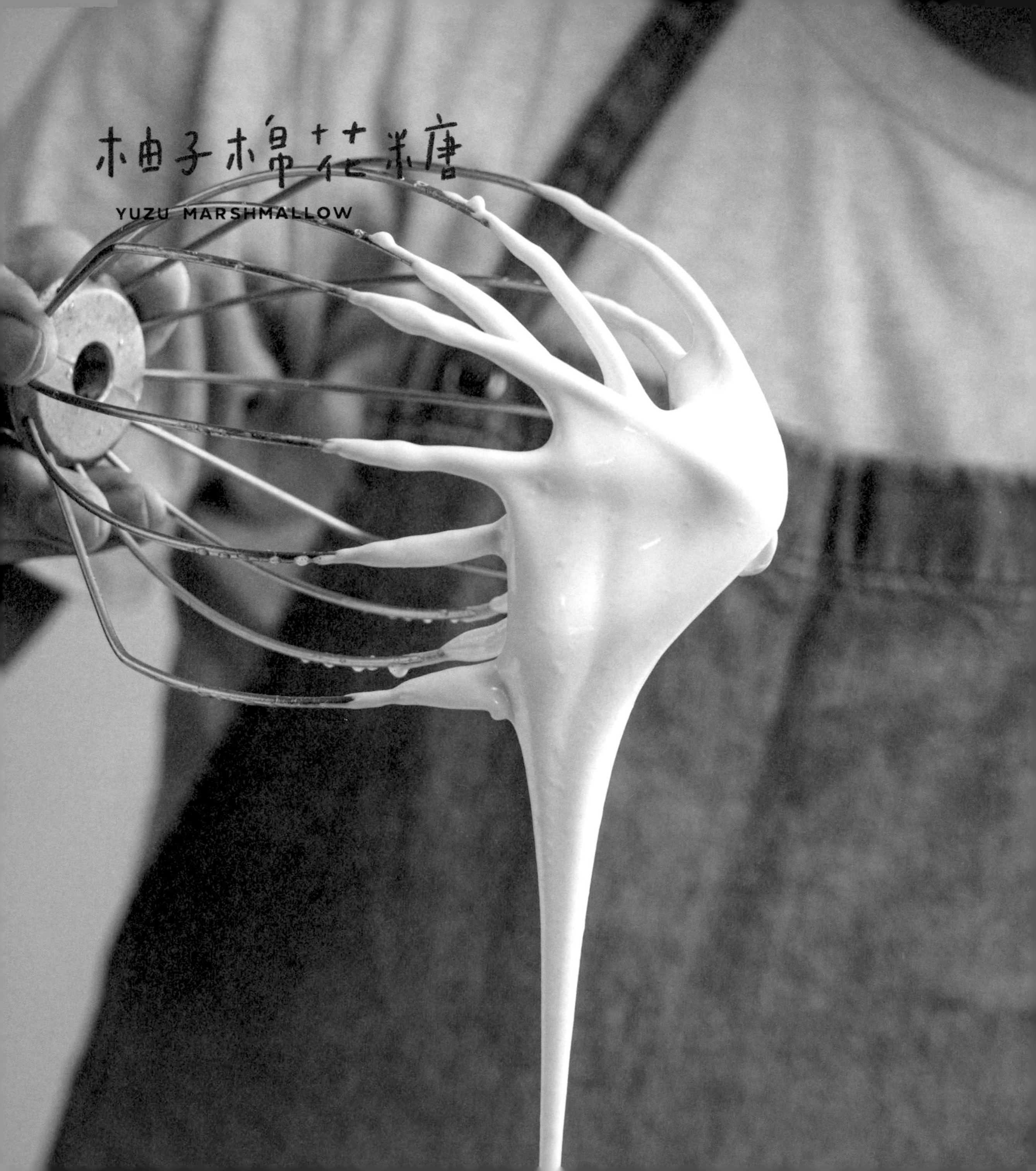

Ingrediants
材料

細砂糖	120g	轉化糖漿	50g
轉化糖	40g	吉利丁粉	9g
柚子汁	80g	生飲水	45g

Methods
作法

1. 細砂糖、轉化糖漿、柚子汁混合後，加熱至 110 度。
2. 將吉利丁粉混合生飲水變成吉利丁塊後，把吉利丁塊與轉化糖漿放入攪拌缸，並加入熱柚子汁拌勻。
3. 打發至綿密有光澤，成倒勾狀。
4. 最後填入擠花袋，即可使用。

CHAPTER 3

烘烤甜塔

可可那滋

CHOCOLATE NUT
DRIED FIGS TART

份量：6 吋 1 個

烘烤溫度：160 度 /25min

Ingrediants
材料

可可塔殼　1 個
可可杏仁奶油餡　170g
酒漬無花果乾　80g
核桃　適量

Garnish
裝飾

立即用果膠
防潮糖粉
肉桂棒

Methods
作法

1. 取可可塔殼一個，填入可可杏仁奶油餡，使用抹刀抹平。
2. 酒漬無花果乾蒂頭切除，果乾對切展開鋪滿在可可杏仁奶油餡表面。
3. 坐隙處放上適量核桃粒，即可送入烤箱烘烤。
4. 出爐放涼後，表面刷上立即用果膠，周圍撒上一圈防潮糖粉，再放上肉桂棒裝飾即可。

乳酪三重奏

CHEESE TART

份量：6 吋 1 個
烘烤溫度：170 度 /20min

Ingrediants
材料

原味塔殼　1個
乳酪餡　300g

材料 A
- 動物鮮奶油　150g
- 細砂糖　10g
- 鹽之花　0.5g
- 香草精　3 滴

Garnish
裝飾

帕馬森起司削
金箔

Methods
作法

1. 取原味塔殼 1 個，填入乳酪餡，使用抹刀抹平。
2. 放入烤模，隔水烘烤 170 度 /20min。
3. 將材料 A 混合打發，然後先在放涼的塔表面抹一層，接著再由外而內擠上鮮奶油裝飾。
4. 鮮奶油裝飾完成後，先在表面刨適量乳酪絲，最後以金箔做裝飾。

抹茶白玉塔

MATCHA RED BEAN MOCHI TART

份量：6 吋 1 個
烘烤溫度：160 度 /15min

Ingrediants

材料

抹茶塔殼	1 個
低糖紅豆餡	350g
粿加蕉	105g
葉子餅乾	23 片

Methods

作法

1. 抹茶塔殼埴入低糖紅豆餡 100g 抹平。
2. 表面鋪上粿加蕉。
3. 填入剩餘紅豆餡。
4. 表面刷上蛋白液，以順時針排列黏上葉子餅乾，完成後表面再刷上一層蛋白液增添光澤，送入烤箱烘烤完成。

草莓蕾蒂

STRAWBERRY JAM TART

份量：6 吋 1 個
烘烤溫度：160 度 /20min → 160 度 /15min

Ingrediants
材料

原味塔殼　1 個

原味杏仁奶油餡　75g

冷凍覆盆子碎　30g

草莓果醬　30g

糖漬草莓　40g

原味沙布列　130g

Garnish
裝飾

防潮糖粉

開心果碎粒

乾燥覆盆子碎

Methods
作法

1. 取原味塔殼一個，填入原味杏仁奶油餡，使用抹刀抹平。

2. 將冷凍覆盆子碎鋪滿在原味杏仁奶油餡表面，並送入烤箱烘烤 160 度 /20min，出爐後，放涼備用。

3. 填入草莓果醬，使用抹刀抹平，表面鋪上糖漬草莓，灑滿原味沙布列做第二次烤焙。

4. 160 度 /15min 烘烤至表面均勻上色，出爐後放涼裝飾即可。

焦糖布蕾

CREME BRULEE TART

Ingrediants
材料

原味塔殼　1個
焦糖布蕾液　340g
焦糖醬　適量

Methods
作法

1. 原味塔殼刷上蛋白液後，放入烤箱烘烤至蛋白液收乾，然後取出塔殼填入布蕾液，再放進烤箱烘烤至表面凝固不會晃動後取出，放涼待裝飾。
2. 取適量焦糖醬擠在表面裝飾。

橙香甘藷乳酪

SWEET POTATO CHEESE TART

份量：6 吋 1 個

烘烤溫度：160 度 /20mins

Ingrediants
材料

原味塔殼　1個
焦糖乳酪餡　170g
甘藷餡　330g

Garnish
裝飾

糖漬地瓜
防潮糖粉
二砂

Methods
作法

1. 原味塔殼填入焦糖乳酪餡，烘烤至表面上色，放涼冰至冷藏備用。
2. 甘藷餡填入擠花袋使用平口花嘴（SN7068），於表面擠滿水滴造型。
3. 將二砂灑在表面。
4. 使用瓦斯噴槍將二砂糖融化，製成焦糖。
5. 表面刷上果膠，周圍灑上一圈防潮糖粉，再放上糖漬地瓜裝飾即可。

CHAPTER 4

生菓子甜塔

柚子檸檬塔

YUZU LEMON TART

份量：3 吋 12 個

Ingrediants
材料

3 吋原味塔殼	12 個
檸檬奶油餡	800g
柚子棉花糖	330g

Garnish
裝飾

檸檬皮屑
金箔

Methods
作法

1. 原味塔殼底部塗上免調溫白巧克力做防潮。
2. 填入檸檬奶油餡，表面抹平，放置冷凍定型備用。
3. 表面擠上柚子棉花糖，撒上檸檬皮屑、放上金箔完成裝飾。

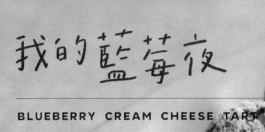

我的藍莓夜

BLUEBERRY CREAM CHEESE TART

份量：6 吋 1 個

烘烤溫度：160 度 /20mins

Ingrediants
材料

薫衣草塔殼　1個
原味杏仁奶油餡　75g
冷凍藍莓粒　30g
藍莓乳酪餡　200g

Garnish
裝飾

新鮮藍莓
防潮糖粉

Methods
作法

1. 取薫衣草塔殼一個，填入原味杏仁奶油餡，使用抹刀抹平。
2. 在原味杏仁奶油餡表面鋪滿冷凍藍莓粒後，送入烤箱烘烤 160 度 /20min，出爐後，放涼備用。
3. 填入藍莓乳酪餡，表面使用抹刀抹平。
4. 填好內餡後，放置冷凍成型後以新鮮藍莓、防潮糖粉裝飾。

焦糖

CARAMEL

Ingrediants
材料

原味塔殼	1 個
焦糖堅果醬	50g
焦糖奶餡	220g
焦糖淋面	100g

Garnish
裝飾

焦糖榛粒
金箔

Methods
作法

1. 取原味塔殼一個，底部塗上免調溫黑巧克力做防潮。
2. 先填入焦糖堅果醬，再填入焦糖奶餡，接著將表面抹平，放置冷藏定型。
3. 表面倒入焦糖淋面，最後放上焦糖榛粒、金箔完成裝飾。

提拉米蘇

TIRAMISU TART

份量：6 吋 1 個

160 度 /20min

Ingrediants
材料

咖啡塔殼　1 個
咖啡杏仁餡　170g
提拉米蘇餡　300g
酒漬櫻桃　18 顆

Garnish
裝飾

防潮可可粉

Methods
作法

1. 取咖啡塔殼一個，填入咖啡杏仁奶油餡，使用抹刀抹平。

2. 在咖啡杏仁奶油餡表面鋪滿酒漬櫻桃，送入烤箱烘烤 160 度 /20min，出爐後，放涼備用。

3. 取出冷藏靜置後的內餡，使用攪拌機打發至 6 分發，再填入擠花袋，使用平口花嘴（SN7068），在表面擠滿水滴造型。

4. 最後撒上防潮可可粉，完成裝飾。

季節水果生乳酪塔

GRAPE CREAM CHEESE TART

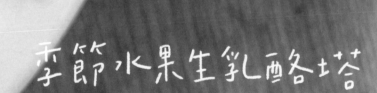

份量：6 吋 1 個

烘烤溫度：160 度 /20min

Ingrediants
材料

原味塔殼　1個
原味杏仁奶油餡　75g
冷凍藍莓粒　30g
香檸乳酪餡　200g

Garnish
裝飾

季節水果

Methods
作法

1. 取原味塔殼一個，填入原味杏仁奶油餡，使用抹刀抹平。
2. 在原味杏仁奶油餡表面鋪滿冷凍藍莓粒後，送入烤箱烘烤160度 /20min，出爐後，放涼備用。
3. 填入香檸乳酪餡，表面使用抹刀抹平，接著放入冷凍。
4. 放置冷凍成型後，以新鮮水果裝飾，最後刷上鏡面果膠即可。

Tips

* 冷凍狀態下進行分切，切面會較完整，刀子稍微加溫後使用，分切會更省力。

相思抹茶紅豆

MATCHA RED BEAN CREAM CHEESE TART

份量：6 吋 1 個
烘烤溫度：160 度 /20min

Ingrediants
材料

原味塔殼　1 個
抹茶杏仁奶油餡　75g
紅豆乳酪　100g
抹茶奶凍　85g
抹茶香堤　170g

Garnish
裝飾

金色跳跳糖

Methods
作法

1. 取原味塔殼一個，填入抹茶杏仁奶油餡，使用抹刀抹平，送入烤箱烘烤 160 度 /20min，出爐後放涼備用。

2. 填入紅豆乳酪餡，表面使用抹刀抹半，放置冷凍成型後，將已成形的抹茶奶凍放置中央。

3. 將抹茶香堤打發於表面抹面出線條造型，並放上金色跳跳糖完成裝飾。

茶香生巧克力

TIEGUANYIN CHOCOLATE TART.

Ingrediants
材料

原味塔殼　1個
茶香巧克力餡　300g
巧克力淋面　100g

Garnish
裝飾

巧克力飾片
金箔

Methods
作法

1. 取原味塔殼1個，底部塗上免調溫黑巧克力做防潮。
2. 取出茶香巧克力餡，放入攪拌機打發。
3. 茶香巧克力餡填入塔殼，冷凍定型備用。
4. 表面倒入巧克力淋面，最後再撒上金粉裝飾即可。

奶酒生巧克力塔

BAILEYS CHOCOLATE TART

份量：6吋1個

Ingrediants
材料

咖啡塔殼　1 個
奶酒生巧克力餡　275g
70% 可可香堤　125g

Garnish
裝飾

苦甜巧克力碎片
金色跳跳糖
防潮糖粉

Methods
作法

1. 取咖啡塔殼 1 個，底部塗上免調溫黑巧克力做防潮。
2. 填入奶酒生巧克力餡，冷凍定型備用。
3. 將冷藏靜置後的 70％ 可可香提，使用攪拌機打發至 6 分發，再填入擠花袋，使用平口花嘴（SN7068），在塔的表面擠滿水滴造型。
4. 最後再以苦甜巧克力碎片，完成裝飾。

4

豐禾日栗

CHESTNUT TIEGUANYIN TART

份量：6 吋 1 個

160 度 /20min

Ingredients
材料

原味塔殼	1 個
焙茶杏仁奶油餡	75g
糖漬栗子丁	20g
紅豆乳酪	100g
焙茶奶凍	85g
栗子奶油霜	170g

Garnish
裝飾

防潮糖粉
焙茶粉
法式帶皮栗子

Methods
作法

1. 取原味塔殼一個，填入焙茶杏仁奶油餡，使用抹刀抹平。
2. 糖漬栗子丁鋪滿在焙茶杏仁奶油餡表面，送入烤箱烤焙 160 度 /20min，出爐後，放涼備用。
3. 填入紅豆乳酪餡，表面使用抹刀抹平，放置冷凍成型後，將已成形的焙茶奶凍放置中央。
4. 栗子奶油填入擠花袋使用蒙布朗花嘴（TIP-235），於表面擠滿線條造型，撒上防潮糖粉、焙茶粉，放上栗子完成裝飾。

焦糖堅果塔

MACADAMIA NUT TART

份量：6吋1個

Ingrediants
材料

原味塔殼　1個
海藻糖　18g
糖　33g
動物鮮奶油　178g
椰蜜　17g
綜合堅果　233g
葡萄乾　50g
鹽之花　1g

Garnish
裝飾

免調溫白巧克力
開心果碎

Methods
作法

1. 將海藻糖、糖、動物鮮奶油、椰蜜、鹽之花混合，加溫煮至收稠。
2. 倒入綜合堅果混合均勻。
3. 底層先塗抹白巧克力，接著將混合均勻的堅糖堅果填入原味塔殼內。
4. 待冷卻後先以白巧克力裝飾，最後再撒上開心果碎。

SWEET TARO ROSE TART

份量：6 吋 1 個
烘烤溫度：160 度 /20mins

Ingrediants 材料	原味塔殼　1個	粿加蕉　60g
	原味杏仁奶油餡　75g	香草卡士達醬　50g
	冷凍覆盆子碎　30g	芋頭鮮奶油　260g
	玫瑰草莓醬　40g	

Garnish
装飾

紫薯粉　　矢車菊

Methods
作法

1. 取原味塔殼一個，填入原味杏仁奶油餡，使用抹刀抹平。
2. 冷凍覆盆子碎鋪滿在原味杏仁奶油餡表面，送入烤箱烘烤 160 度 /20min，出爐後，放涼備用。
3. 填入玫瑰草莓果醬，使用抹刀抹平，表面鋪上粿加蕉後，填滿香草卡士達醬，冷藏備用。
4. 將芋頭鮮奶油打發至 6 分發，表面擠上花瓣造型裝飾，外圈撒上紫薯粉、矢車菊點綴。

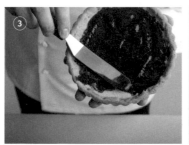

TART 澎派人氣甜塔，熱賣款食譜初公開
製作技巧不藏私，在家也能做出職人級美味

2022 年 1 月 15 日初版第一刷發行
2023 年 10 月 15 日初版第三刷發行

作　　　者	張智傑 Ivan Chang
編　　　輯	王玉瑤
特 約 設 計	謝捲子
攝　　　影	白騏瑋
發 行 人	若森稔雄
發 行 所	台灣東販股份有限公司
	＜地址＞台北市南京東路 4 段 130 號 2F-1
	＜電話＞(02)2577-8878
	＜傳眞＞(02)2577-8896
	＜網址＞http://www.tohan.com.tw
郵撥帳號	1405049-4
法律顧問	蕭雄淋律師
總 經 銷	聯合發行股份有限公司
	＜電話＞(02)2917-8022

TART 澎派人氣甜塔，熱賣款食譜初公開
製作技巧不藏私，在家也能做出職人級美味
/ 張智傑 (Ivan Chang) 作 . -- 初版 . -- 臺北市：臺灣東販
股份有限公司 , 2022.01
180 面；18.5×20　公分
ISBN 978-626-304-953-6(平裝)

1. 點心食譜 2. 烹飪

427.16　　110016486

TART 澎派人氣甜塔，
熱賣款食譜初公開 製作技巧不藏私，
在家也能做出職人級美味

COUPON

凡購買《TART 澎派人氣甜塔，熱賣款食譜初公開 製作技巧不藏私，在家也能做出職人級美味》讀者，
即可憑本券至澎派實體店購買任一品項享 $100 折扣。

· 活動指定店家如下

板橋門市 PONPIE

每日 12:00 – 19:30（不接受訂位）

電話：02-2272-2224

新北板橋區民權路 202 巷 4 弄 1 號（捷運板橋站 1 號出口）

大安門市 Ponpie Home

每日 12:00 – 19:30（不接受訂位）

電話：02-3393-2016

北市大安區金山南路二段 148 號（捷運古亭 5 號出口）

京站時尚廣場 B3 櫃位

11:00 - 21:30

台北市大同區承德路一段 1 號（台北車站東 3 門）

02-2558-2071

永和比漾廣場 1F 櫃位

11:00 - 21:30

新北市永和區中山路一段 238 號

02-8921-1287

· 使用期限：即日起至 2022/6/30　　· 限用一次 · 影印無效

COUPON

憑本券至澎派實體店購買任一品項享 $100 元折扣。